高等职业技术教育精品教材——工程测量技术类

工程测量基础

实训指导与报告书

主　编　张福荣

主　审　曾庆伟

西南交通大学出版社

·成　都·

图书在版编目（CIP）数据

工程测量基础实训指导与报告书 / 张福荣主编. —
成都：西南交通大学出版社，2022.6（2025.8 重印）
ISBN 978-7-5643-8707-5

Ⅰ. ①工… Ⅱ. ①张… Ⅲ. ①工程测量 – 高等职业教育 – 教材 Ⅳ. ①TB22

中国版本图书馆 CIP 数据核字（2022）第 093364 号

Gongcheng Celiang Jichu Shixun Zhidao yu Baogaoshu

工程测量基础实训指导与报告书

主　编 / 张福荣

责任编辑 / 王　旻
封面设计 / 曹天擎

西南交通大学出版社出版发行
（四川省成都市金牛区二环路北一段 111 号西南交通大学创新大厦 21 楼　610031）
发行部电话：028-87600564　028-87600533
网址：https://www.xnjdcbs.com
印刷：四川玖艺呈现印刷有限公司

成品尺寸　185 mm × 260 mm
印张　9　　字数　185 千
版次　2022 年 6 月第 1 版　　印次　2025 年 8 月第 5 次

书号　ISBN 978-7-5643-8707-5
定价　36.00 元

课件咨询电话：028-81435775
图书如有印装质量问题　本社负责退换

前言
PREFACE

本书是与《工程测量基础》教材配套的实训教材。主要依据高等职业教育对技术技能人才培养的要求，并结合测绘技术变革带来的职业岗位能力的需求，有针对性地选取实训任务。内容包括课内实训和强化训练两大部分，课内实训主要包括 20 个实训任务，强化训练包括 2 个实训任务。本书不仅适用于高职院校，也可作为企业员工培训的配套教材。全书由陕西铁路工程职业技术学院张福荣编写。

本书在编写过程中参阅了大量的文献资料，引用了部分内容，在此对原作者表示感谢，同时也感谢陕西铁路工程职业技术学院和西南交通大学出版社给予的大力支持和帮助。

由于时间仓促及编者水平所限，书中难免有不妥之处，敬请批评指正。

编　者

2022 年 3 月

目录
CONTENTS

实训须知

一、实训目的

“工程测量基础”是一门实践性较强的课程，实训教学是课程教学内容的重要组成部分。通过实训使学生能够将所学理论知识应用到实践中，熟练掌握测量仪器的基本操作方法，测量外业数据采集和内业计算的方法，熟悉国家、行业测量规范，具有质量意识、规范意识。同时，培养学生分析问题、解决问题的能力和严谨细致、精益求精的工匠精神以及吃苦耐劳、团结协作的品质，以进一步提升学生的职业能力和职业素养。

二、实训要求

（1）实训以组为单位，3～5 人一组，每组设组长 1 人，组织协调相关事宜。

（2）实训开始前，小组成员认真研讨实训任务，学习相关资料，明确实训目的和内容要求。

（3）实训期间，应严格遵守课堂纪律，不得迟到、早退，不得做与实训无关的事情。

（4）实训期间，应严格遵守“测量仪器设备使用规则”和“测量记录与计算规则”。

（5）实训期间，应听从实训指导教师的安排，认真完成实训任务。

（6）实训期间，应爱护周边的花草树木及农作物，不得擅自进入，同时爱护公共设施，不得随意损坏。

（7）实训期间，应注意人身安全与仪器安全。

（8）实训期间，若仪器出现故障，应及时向指导教师报告，严禁自行处理。

（9）严格按照规定的方法和程序，认真、仔细地操作，确保测量结果的质量。

（10）实训结束后，小组成员应提交合格的测量成果。

三、实训仪器设备借领

（1）借领仪器设备前，小组组长应填写借用仪器设备清单。

（2）借领仪器设备时，小组成员应根据仪器设备清单清点数量并进行仪器设备检查，检查发现仪器设备有缺损现象，应立即告知仪器室教师，以便进行补领和更换，待确认无误后，由小组组长签字借领。

（3）实训所借仪器设备，应妥善保管，安排专人负责，小组之间不得私自调换或转借。

（4）实训结束后，应归还所借仪器设备，经仪器室教师检查确认仪器完好无损，办理相关手续后，方可离开。若仪器丢失或损坏，应写出书面报告，说明情况，并按学校有关规定予以赔偿。

四、测量仪器设备使用规则

测量仪器是精密贵重仪器，一定要精心使用和科学保养，在使用过程中必须按操作规程规范进行。

（1）对仪器性能尚未了解的部件，未经指导教师许可，不得擅自操作。

（2）打开仪器箱前，应把仪器箱平放在地面上，开箱后，要观测仪器在箱中的安放位置，以免装箱时因位置不正确而损坏仪器。

（3）仪器从箱中取出时，应一手托住支架，另一手扶住基座，轻拿轻放。

（4）仪器和三脚架连接时，应一手握住仪器，另一手拧中心螺旋，直到仪器与脚架连接牢固后方可松手。

（5）仪器连接好后，应立即关闭箱盖，以免灰尘和湿气进入箱内。

（6）操作仪器时，动作要轻、稳、慢，不要用手触摸仪器的光学镜头，决不允许用布或纸擦拭镜头，以免损伤镜头。

（7）转动仪器时，一定要松开制动螺旋，不可强行转动，以免损坏仪器。

（8）调节螺旋时一定要均匀用力，以免损伤螺旋。

（9）短距离迁站时，应松开制动螺旋，将三脚架轻轻合拢，放于腋下，一手抱着三脚架，一手托着仪器，稳步前行，禁止肩扛仪器迁站。在环境较差地区或长距离迁站时，应将仪器装箱。

（10）迁站时，切勿抱着仪器跑行，以免摔坏仪器。

（11）携带仪器时，应注意检查仪器箱盖是否关紧锁好，拉手、背带是否牢固。

（12）带有补偿器的仪器，观测结束后，应及时关闭补偿器，防止由于震动损坏补偿器装置。

（13）不得将水准尺靠在墙上、树上以及其他支撑物上，防止意外损坏。对于塔尺，用完后应及时将尺子收回。

（14）钢尺使用时，应防止扭曲、打结和折断，不要将钢尺在地面上拖拉，防止行人踩踏或车辆碾压，尽量避免尺身沾水，以防钢尺受潮。钢尺用完后，应用油棉纱擦干净，以免生锈。

（15）电子测量仪器一定要先关闭电源再更换电池。

（16）透镜表面有灰尘或其他污物，应先用软毛刷轻轻拂去，再用镜头纸擦拭，严禁用手帕、粗布或其他纸张擦拭，以免损坏镜头。观测结束后应及时套好物镜盖。

（17）严禁踩踏仪器箱，仪器箱上严禁坐人。

（18）仪器装箱时，应将制动螺旋松开，其他螺旋调节到中间位置。电子测量仪器装箱之前，一定要先关闭电源。

（19）仪器必须由专人看管，在烈日下必须打遮阳伞。

（20）实训期间，若仪器出现故障，应及时向实训指导教师报告，严禁自行拆卸。

（21）实训结束后，应清点仪器设备数量，及时归还仪器室。

五、测量记录与计算规则

测量记录是测量成果的原始数据，通过对原始数据的计算分析，最终获取测量成果，因此作为测量人员，一定养成良好的职业习惯，严格按照要求记录、计算：

（1）记录观测数据之前，应将表头栏目填写齐全，不得空白。

（2）测量记录应使用铅笔书写，不得使用钢笔或圆珠笔填写，要求字体端正清晰，字体的大小一般占格高的 1/2 或 2/3。

（3）记录的数据禁止用橡皮擦擦掉，严禁涂改、转抄，以保持记录的原始性和真实性，如果记录错误，应以斜线划掉，将正确的数据写在其上方。

（4）观测数据尾数不得更改，记错或读错后必须重新观测。

（5）如需修改记录的数据，均应在备注栏加以说明，如测错、记错等。

（6）一个测站观测完后，必须进行计算和检核，确认无误后，方能搬站。

（7）有效数字的位数，反映观测的精度，如在水准测量记录中为 2.88，表示精确到厘米，如果为 2.880，则表示精确到毫米，因此在记录时，一定要注意不管 0 是在小数点前或小数点后，都不能省略。

（8）测量计算的取位原则为四舍六入、五前奇进偶不进，如 1.535 m 和 1.545 m 取小数点后两位均为 1.54 m。

学习笔记

第一部分　课内实训

任务一　全站仪的认识与使用

一、实训目的

（1）熟悉国家、行业测量规范，掌握测量规范中的技术要求。

（2）熟悉全站仪各部件的名称及使用方法。

（3）掌握全站仪操作面板各个键的功能。

（4）掌握全站仪的使用方法。

（5）掌握全站仪水平角、竖直角测量方法。

（6）掌握全站仪距离测量方法。

二、实训内容

（1）熟悉全站仪各部件的名称，练习其使用方法。

（2）练习全站仪的使用方法

（3）水平角、竖直角测量。

（4）距离测量。

三、仪器设备及工具

全站仪 1 套、棱镜 1 个，自备铅笔、小刀、记录手簿等。

四、实训方法及步骤

（1）指导教师讲解实训内容、方法、步骤及注意事项。

（2）熟悉全站仪各部件的名称、作用（见图 1.1.1），练习其使用方法。

（3）安置仪器。

① 将三脚架安置于测站点上，目估使架头大致水平，安装仪器，拧紧中心螺旋，且使光学对点器中心圈及影像清晰，然后将一个架腿插入地面固定，用两手握住另两个架腿，并移动这两个架腿，当测站点的中心位于圆圈的边缘处时或居于圆圈中间时，停止移动脚架并将其踩实。

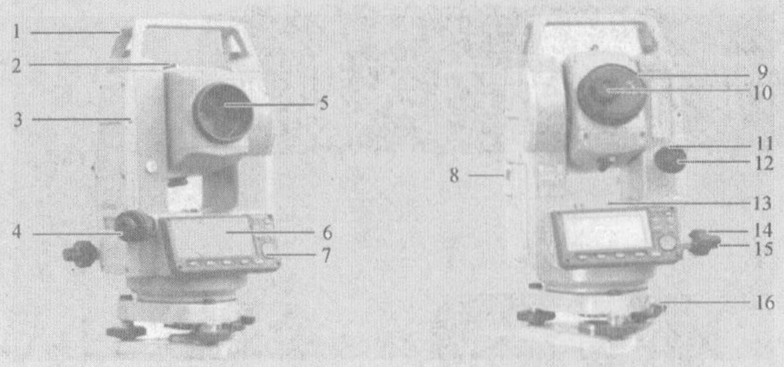

1—提柄；2—粗照准器；3—无线遥控器接收点；4—光学对中器目镜；5—物镜；6—显示屏；7—操作面板；8—电池护盖；9—望远镜调焦环；10—望远镜目镜；11—垂直微动手轮；12—垂直制动钮；13—照准部水准器；14—水平微动手轮；15—水平制动钮；16—三角基座制动控制杆

图 1.1.1　全站仪各部件名称

② 调节脚螺旋，使测站点中心与圆圈中的十字线交点重合。

③ 调节架腿上的蝶形螺旋，伸缩架腿，使圆气泡居中。

④ 调节脚螺旋，使水准管气泡居中。

⑤ 平推仪器，使测站点中心与圆圈中心十字线重合。

重复上述步骤，直至水准管气泡在任何位置都居中，且测站点中心与圆圈中心十字线重合为止。

（4）瞄准目标。

① 调节目镜对光螺旋，使十字丝清晰。

② 用瞄准器粗略瞄准目标，调节物镜对光螺旋，使影像清晰并消除视差，拧紧制动螺旋。

③ 调节微动螺旋，用纵丝精确照准目标。

（5）读取水平、竖直、距离读数，将其记录在实训报告册。

五、注意事项

（1）打开仪器箱时，注意观察仪器在箱中的放置情况。

（2）安置仪器时，三脚架的高度要与司镜者的高度相适应且稳定，三脚架架头应保持水平，中心螺旋及蝶形螺旋不要拧得过紧或过松。

（3）操作仪器时不要将身体任何部位压在三脚架和仪器上，不能骑跨脚架，不得在仪器周围来回走动。

（4）安置仪器前，应将各个螺旋调节到中间位置，调节螺旋时动作要轻。

（5）禁止用手指触摸仪器的任何光学元件表面。

（6）在潮湿环境中工作，作业结束，要用软布擦干仪器表面的水分及灰尘后装箱。冬天室内、室外温差较大时，仪器搬出室外或搬入室内，应等一段时间后才能开箱。

（7）安装电池时要注意对好位置，拆卸电池前一定要先关机。

（8）没有必要的情况下，不要松开固定螺旋。

（9）使用制动螺旋，达到制动目的即可，不可强力过量旋转。

（10）只有将制动螺旋制动后，调节微动螺旋才起作用，微动螺旋不可强力过量旋转。

（11）仪器应按要求严格对中与整平。

六、实训报告

1. 记录手簿

表 1.1.1　全站仪水平角、竖直角、距离测量记录手簿

日　期：　　　　　　天　气：　　　　　　仪　器：

组　别：　　　　　　观　测：　　　　　　记　录：

测站	观测目标	水平角读数	竖直角读数	距离读数

2. 实训小结

实训小结	

3. 思考题

（1）将全站仪各部件的名称填入图 1.1.2 位置。

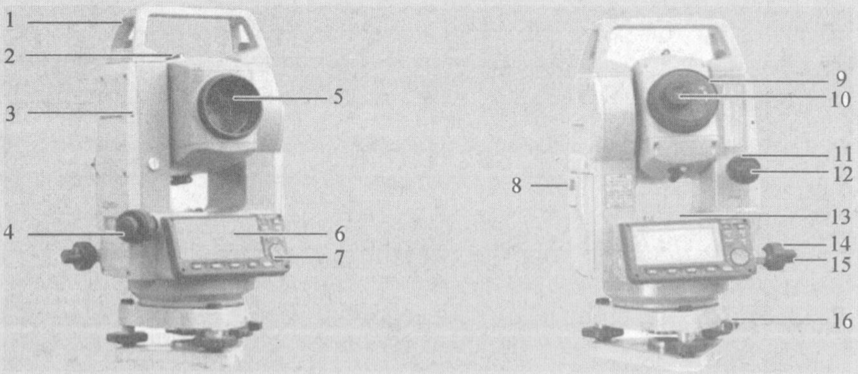

图 1.1.2

（2）什么叫对中?

（3）什么叫整平?

学习笔记

任务二 水平角测量（测回法）

一、实训目的

（1）熟悉国家、行业测量规范，掌握测量规范中的技术要求。

（2）掌握全站仪的使用方法。

（3）掌握测回法测水平角观测、记录、计算方法。

二、实训内容

已知测站点 O，目标点 A、B，使用 6″级全站仪，采用测回法测水平角 $\angle AOB$。

三、仪器设备及工具

全站仪 1 套，自备铅笔、小刀、记录手簿等。

四、实训方法及步骤

（1）指导教师讲解实训内容、方法、步骤及注意事项。

（2）将仪器安置于测站点 O 上，严格对中、整平。

（3）盘左观测。

① 瞄准 A 目标，按下置零键，读取水平度盘读数 a_1，记入记录手簿。

② 松开制动螺旋，顺时针方向转动照准部，瞄准 B 目标，读取水平度盘读数 b_1（见图 1.2.1），记入记录手簿。

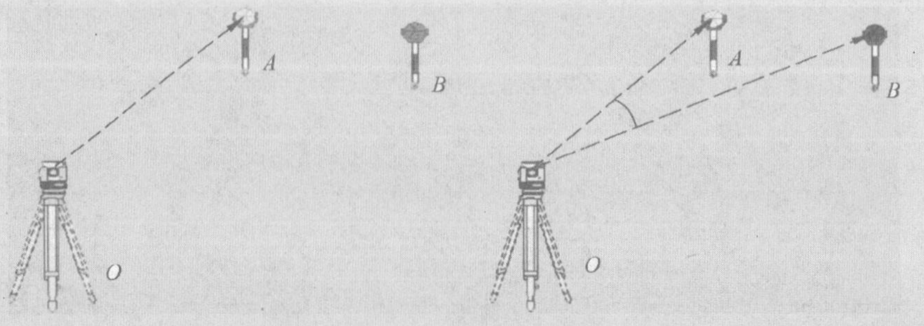

（a）　　（b）

图 1.2.1

（4）盘右观测。

① 松开制动螺旋，倒转望远镜成盘右位置，瞄准 B 目标，读取水平度盘读数 b_2，记入记录手簿。

② 松开制动螺旋，逆时针方向转动照准部，瞄准 A 目标，读取水平度盘读数 a_2（见图 1.2.2），记入记录手簿。

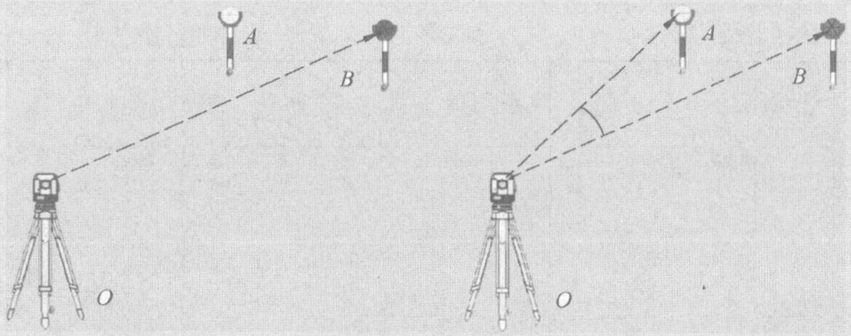

（a）　　　　（b）

图 1.2.2

（5）水平角计算。

$$\beta_{左} = b_1 - a_1$$

$$\beta_{右} = b_2 - a_2$$

当半测回角值的差值小于规定的限差时，取平均值

$$\beta = \frac{\beta_{左} + \beta_{右}}{2}$$

（6）按上面步骤，进行其他测回观测，当各测回角值的差值符合限差要求时（见表 1.2.1），取多个测回平均值作为最终结果。

表 1.2.1　水平角角值限差要求

仪器类型	两半测回间角值较差	各测回间角值较差
6″级仪器	30″	20″
2″级仪器	20″	15″

五、注意事项

（1）必须严格对中、整平。

（2）盘左、盘右必须瞄准同一个目标。

（3）观测过程中，如果气泡偏离 1 格以上，必须重新观测。

（4）多测回观测时，瞄准起始方向时要进行度盘配置，配置可利用全站仪的设角功能进行设置。

（5）当两个方向读数相减，出现负值时，应加 360°。

六、实训报告

1. 记录手簿

表 1.2.2　水平角测量记录手簿（测回法）

日　期:　　　　　　　　天　气:　　　　　　　　仪　器:

组　别:　　　　　　　　观　测:　　　　　　　　记　录:

<table>
<tr><th>测站</th><th>目标</th><th>盘位</th><th>水平读数</th><th>半测回角值</th><th>一测回角值</th><th>平均角值</th><th>备注</th></tr>
<tr><td rowspan="4"></td><td></td><td rowspan="2"></td><td></td><td rowspan="2"></td><td rowspan="4"></td><td rowspan="8"></td><td rowspan="16"></td></tr>
<tr><td></td><td></td></tr>
<tr><td></td><td rowspan="2"></td><td></td><td rowspan="2"></td></tr>
<tr><td></td><td></td></tr>
<tr><td rowspan="4"></td><td></td><td rowspan="2"></td><td></td><td rowspan="2"></td><td rowspan="4"></td></tr>
<tr><td></td><td></td></tr>
<tr><td></td><td rowspan="2"></td><td></td><td rowspan="2"></td></tr>
<tr><td></td><td></td></tr>
<tr><td rowspan="4"></td><td></td><td rowspan="2"></td><td></td><td rowspan="2"></td><td rowspan="4"></td><td rowspan="8"></td></tr>
<tr><td></td><td></td></tr>
<tr><td></td><td rowspan="2"></td><td></td><td rowspan="2"></td></tr>
<tr><td></td><td></td></tr>
<tr><td rowspan="4"></td><td></td><td rowspan="2"></td><td></td><td rowspan="2"></td><td rowspan="4"></td></tr>
<tr><td></td><td></td></tr>
<tr><td></td><td rowspan="2"></td><td></td><td rowspan="2"></td></tr>
<tr><td></td><td></td></tr>
</table>

续表 1.2.2　水平角测量记录手簿（测回法）

日　期:　　　　　　天　气:　　　　　　仪　器:

组　别:　　　　　　观　测:　　　　　　记　录:

测站	目标	盘位	水平读数	半测回角值	一测回角值	平均角值	备注

2. 实训小结

实训小结	

3. 思考题

（1）什么叫盘左？什么叫盘右？

（2）简述测回法测水平角的步骤。

学习笔记

任务三 水平角测量（方向观测法）

一、实训目的

（1）熟悉国家、行业测量规范，掌握测量规范中的技术要求。

（2）掌握全站仪的使用方法。

（3）掌握方向观测法测水平角观测、记录、计算的方法。

二、实训任务

已知测站点 O，目标点 A、B、C、D，采用方向观测法进行水平角测量。

三、仪器设备及工具

全站仪 1 套，自备铅笔、小刀、记录手簿等。

四、实训方法及步骤

（1）指导教师讲解实训内容、方法、步骤及注意事项。

（2）技术要求。

根据《铁路工程测量规范》规定，方向观测法测水平角的限差见表 1.3.1。

表 1.3.1 方向观测法的限差

等级	仪器等级	半测回归零差/（″）	一测回中 2c 值变动范围/（″）	各测回同一方向值互差/（″）
四等及以上	0.5″级仪器	4	6	4
	1″级仪器	6	9	6
	2″级仪器	8	13	9
一级及以下	2″级仪器	12	18	12
	6″级仪器	18	—	24

（3）安置全站仪在测站点 O，对中整平。

（4）盘左观测。

① 瞄准起始方向 A 点，按下置零键，读取水平度盘读数，记入记录手簿。

② 松开制动螺旋，顺时针方向转动照准部，依次瞄准 B、C、D 各点，读取水平度盘读数，并记入记录手簿。

③ 再次瞄准 A 点，读取水平度盘读数，并记入记录手簿。

（5）盘右观测。

① 松开制动螺旋，倒转望远镜变成盘右位置，瞄准 A 点，读取水平读数，并记入记录手簿。

② 逆时针方向转动照准部，依次瞄准 D、C、B 各点，读取水平度盘读数，记入记录手簿。

③ 再次瞄准 A 点，读取水平度盘读数，并记入记录手簿。

重复上述步骤，完成多个测回的观测。为了减弱度盘的刻画误差，各测回间应按 $180°/n$ 变换度盘位置。

（6）计算检核。

① 两次读数之差。

② 半测回归零差。

③ 同一方向上 $2c$ 误差。

$$2c = 盘左读数 - (盘右读数 \pm 180°)$$

④ 一个测回各方向的正倒镜平均读数

$$平均读数 = [盘左读数 + (盘右读数 \pm 180°)]/2$$

⑤ 归零后方向值

$$归零后方向值 = 各方向平均读数 - 起始方向平均读数$$

（7）计算各测回归零方向值。

五、注意事项

（1）盘左瞄准目标按顺时针方向旋转，盘右按逆时针旋转。

（2）盘左、盘右一定要做归零观测。

（3）多测回观测时，应进行度盘配置。

六、实训报告

1. 记录手簿

表 1.3.2　方向观测法测水平角记录手簿

日　期：　　　　天　气：　　　　仪　器：

组　别：　　　　观　测：　　　　记　录：

测回数	目标	度盘读数		$\frac{I+II}{2}$ /(″)	2c /(″)	盘左盘右平均值 /(° ′ ″)	起始方向值 /(° ′ ″)	各测回归零方向值 /(° ′ ″)	备注
		I /(° ′ ″)	II /(″)						
1	2	3	4	5	6	7	8	9	10

续表 1.3.2　方向观测法测水平角记录手簿

日　期：　　　　天　气：　　　　仪　器：

组　别：　　　　观　测：　　　　记　录：

测回数	目标	度盘读数		$\frac{\text{I}+\text{II}}{2}$ /(″)	2c /(″)	盘左盘右平均值 /(° ′ ″)	起始方向值 /(° ′ ″)	各测回归零方向值 /(° ′ ″)	备注
		I /(° ′ ″)	II /(″)						
1	2	3	4	5	6	7	8	9	10

2. 实训小结

实训小结	

3. 思考题

（1）简述方向观测法的步骤。

（2）什么叫 $2c$ 误差?

（3）每测回观测中，起始方向度盘配置的目的是什么?

学习笔记

任务四 竖直角测量

一、实训目的

（1）熟悉国家、行业测量规范，掌握测量规范中的技术要求。

（2）掌握全站仪的使用方法。

（3）掌握竖直角观测、记录、计算的方法。

二、实训任务

已知测站点 *O*，目标点 *A*、*B* 观测 *OA*、*OB* 方向竖直角。

三、仪器设备及工具

全站仪 1 套，自备铅笔、小刀、记录手簿等。

四、实训方法及步骤

（1）指导教师讲解实训内容、方法、步骤及注意事项。

（2）技术要求。

根据《铁路工程测量规范》规定，竖直角观测限差见表 1.4.1。

表 1.4.1 光电测距三角高程竖直角测量主要技术要求

等级	仪器等级/（″）	测回数	指标差较差/（″）	测回间垂直角较差/（″）
三等	1	4	5	5
四等	2	3	7	7
五等	2	2	10	10

（3）安置全站仪在测站点 *O*，对中整平。

（4）盘左观测。

瞄准方向 *A* 点，读取竖直度盘读数，记入记录手簿。

（5）盘右观测。

松开制动螺旋，倒转望远镜变成盘右位置，瞄准 *A* 点，读取竖直度盘读数，并记入记录手簿。

（6）按上述操作步骤进行多测回观测，当限差符合规范要求时，取多个测回的平均值作为最终的角值。

五、注意事项

（1）观测竖直角时必须用横丝瞄准目标。

（2）进行竖直角测量时，必须进行竖直角类型设置。

六、实训报告

1. 记录手簿

表 1.4.2　竖直角测量记录手簿

日　期：　　　　　　　天　气：　　　　　　　仪　器：

组　别：　　　　　　　观　测：　　　　　　　记　录：

测站	目标	竖盘位置	竖盘读数 /（° ′ ″）	半测回角值 /（° ′ ″）	指标差	一测回角值 /（° ′ ″）	平均值 /（° ′ ″）

续表 1.4.2 竖直角测量记录手簿

日 期:　　　　　　天 气:　　　　　　仪 器:

组 别:　　　　　　观 测:　　　　　　记 录:

测站	目标	竖盘位置	竖盘读数/(°′″)	半测回角值/(°′″)	指标差	一测回角值/(°′″)	平均值/(°′″)

2. 实训小结

实训小结	

3. 思考题

（1）什么叫竖直角?

（2）什么叫指标差?

（3）简述竖直角测量的步骤。

学习笔记

任务五 水平距离测量

一、实训目的

（1）熟悉国家、行业测量规范，掌握测量规范中的技术要求。

（2）掌握全站仪的使用方法。

（3）掌握全站仪测水平距离的方法。

二、实训内容

已知 *O*、*A* 两点，采用全站仪测两点之间的水平距离。

三、仪器设备及工具

全站仪 1 套、棱镜 1 个、对中杆 1 个，自备铅笔、小刀、记录手簿等。

四、实训方法及步骤

（1）指导教师讲解实训内容、方法、步骤及注意事项。

（2）技术要求。

根据《铁路工程测量规范》规定，距离测量限差见表 1.5.1。

表 1.5.1 光电测距三角高程距离测量的主要技术要求

等级	仪器等级/（″）	边长/m	观测方式	测距边测回数
三等	1	≤600	2 组对向观测	2
四等	2	≤800	对向观测	2
五等	2	≤1 000	对向观测	1

（3）在 *O* 点安置全站仪，*A* 点安置棱镜。

（4）盘左观测。

瞄准 *A* 点，读取水平距离，记入记录手簿。

（5）盘右观测。

松开制动螺旋，倒转望远镜变成盘右位置，瞄准 *A* 点，读取水平距离，记入记录手簿。

（6）按上述步骤进行多测回观测，当符合规范规定的限差要求时，取多个测回的平均值作为最终结果。

（7）按照同样的方法，将全站仪安置在 A 点，瞄准 O 点，进行对向观测，符合规范规定的限差要求时，取对向观测的平均值作为最终结果。

五、注意事项

（1）避开电磁场干扰的地方。

（2）测量时应尽量离开地面障碍物 1.3 m 以上。

（3）测量前应进行棱镜常数的设置，测量气压与温度。

（4）距离测量时应瞄其棱镜的中心。

六、实训报告

1. 记录手簿

表 1.5.2 水平距离测量记录手簿

日 期: 天 气: 仪 器:

组 别: 观 测: 记 录:

测站点	目标点	测回数	盘位	距离读数	一测回距离值	多测回距离值

2. 实训小结

实训小结	

3. 思考题

(1) 什么是水平距离?

(2) 什么是对向观测?

(3) 简述全站仪测水平距离的步骤。

学习笔记

任务六 支导线测量

一、实训目的

（1）熟悉国家、行业测量规范，掌握测量规范中的技术要求。
（2）掌握全站仪的使用方法。
（3）掌握全站仪测水平角的方法。
（4）掌握全站仪测水平距离的方法。
（5）掌握支导线的观测、记录及计算方法。

二、实训任务

已知 *A*、*B* 两点的坐标（X_A，Y_A）和（X_B，Y_B），按照图根导线的精度要求，求待定点 1 点的坐标。

三、仪器设备及工具

全站仪 1 套、基座 2 个、棱镜 2 个、三脚架 2 个，自备铅笔、小刀、记录手簿等。

四、实训方法及步骤

（1）指导教师讲解实训内容、方法、步骤及注意事项。
（2）水平角测量。
① 安置仪器于测站点 *B* 上，严格对中、整平。
② 盘左观测。
（a）瞄准 *A* 目标，按下置零键，读取水平度盘读数 a_1，记入记录手簿。
（b）松开制动螺旋，顺时针方向转动照准部，瞄准 1 目标，读取水平度盘读数 b_1，记入记录手簿。
③ 盘右观测。
（*a*）松开制动螺旋，倒转望远镜成盘右位置，瞄准 1 目标，读取水平度盘读数 b_2，记入记录手簿。
（*b*）松开制动螺旋，逆时针方向转动照准部，瞄准 *A* 目标，读取水平度盘读数 a_2，记入记录手簿。
④ 水平角计算。

$$\beta_{左} = b_1 - a_1 \qquad \beta_{右} = b_2 - a_2$$

当两半测回角值的较差小于规定的限差时，则依次进行第二测回观测，当测回间较差小于规定的限差时，取两个测回平均值作为最终结果。

$$\beta = \frac{\beta_{左} + \beta_{右}}{2}$$

（3）水平距离测量

① 在 B 点安置仪器，1 点安置棱镜。

② 盘左观测。

瞄准 1 点，读取水平距离，记入记录手簿。

③ 盘右观测。

松开制动螺旋，倒转望远镜变成盘右位置，瞄准 1 点，读取水平距离，记入记录手簿。

④ 按照同样的方法，将全站仪安置在 1 点，B 点安置棱镜，进行对向观测。

⑤ 计算相对误差。

$$\Delta D = \left| D_{往} - D_{返} \right| \qquad K = \frac{\Delta D}{D_{平}} = \frac{1}{N}$$

当 K 小于规定限差时，取对向观测距离平均值作为最终结果

$$D_{平} = \frac{D_{往} + D_{返}}{2}$$

（4）待测点 1 点坐标计算。

按照坐标反算的方法计算 AB 边的坐标方位角

$$\alpha_{AB} = \tan^{-1}\left(\frac{\Delta y_{AB}}{\Delta x_{AB}}\right)$$

计算 $B1$ 边的坐标方位角

$$\alpha_{B1} = \alpha_{AB} + 180° - \beta_1$$

计算 $B1$ 边的坐标增量

$$\Delta x_{B1} = D_1 \times \cos\alpha_{B1} \qquad \Delta x_{B1} = D_1 \times \sin\alpha_{B1}$$

计算 1 点的坐标

$$x_1 = x_B + \Delta x_{B1} \qquad y_1 = y_B + \Delta y_{B1}$$

五、注意事项

（1）观测前应对全站仪进行常规检查。

（2）应观测测站附近的气压和温度。

（3）坐标方位角的计算一定要注意正确。

六、实训报告

1. 记录手簿

表 1.6.1　支导线水平角测量记录手簿

日　期：　　　　天　气：　　　　仪　器：

组　别：　　　　观　测：　　　　记　录：

测站	目标	盘位	水平读数	半测回角值	一测回角值	平均角值	备注

续表 1.6.1 支导线水平角测量记录手簿

日 期: 天 气: 仪 器:

组 别: 观 测: 记 录:

测站	目标	盘位	水平读数	半测回角值	一测回角值	平均角值	备注

表 1.6.2　支导线水平距离测量记录手簿

日　期：　　　　　　天　气：　　　　　　仪　器：

组　别：　　　　　　观　测：　　　　　　记　录：

测站点	目标点	测回数	盘位	距离读数	一测回距离值	多测回距离值

表 1.6.3　支导线内业计算手簿

测点	角度观测值/(° ′ ″)	方位角/(° ′ ″)	边长	坐标增量		坐标	
				Δ*x*	Δ*y*	*x*	*y*
1	2	3	4	5	6	7	8
辅助计算							

2. 实训小结

实训小结	

3. 思考题

（1）什么是支导线?

（2）什么是坐标增量?

学习笔记

任务七 闭合导线测量

一、实训目的

（1）熟悉国家、行业测量规范，掌握测量规范中的技术要求。
（2）掌握全站仪的使用方法。
（3）掌握全站仪测水平角的方法。
（4）掌握全站仪测水平距离的方法。
（5）掌握闭合导线观测、记录及计算的方法。

二、实训任务

已知 A 点的坐标（X_A，Y_A）和 AB 边的坐标方位角 α_{AB}，按照一级导线等级，采用闭合导线测量方法，求待定点 B、C、D 点的坐标。

三、仪器设备及工具

全站仪 1 套、带基座棱镜 2 套、木桩若干、斧头 1 把，自备铅笔、小刀、记录手簿等。

四、实训方法及步骤

（1）指导教师讲解实训内容、方法、步骤及注意事项。
（2）技术要求。
根据《铁路工程测量规范》规定，导线测量的技术要求见表 1.7.1。

表 1.7.1 导线测量的主要技术要求

等级	测角中误差/（″）	测距相对中误差	方位角闭合差/（″）	导线全长相对闭合差	测回数	
					1″级	2″级
一级	4	1/50 000	8	1/20 000	2	2

方向观测法技术要求见表 1.7.2.

表 1.7.2 方向观测法技术要求

等级	仪器等级	半测回归零差/（″）	一测回中 2c 值变动范围/（″）	各测回同一方向值互差/（″）
一级及以下	2″级仪器	12	18	12
	6″级仪器	18	—	24

边长测量的技术要求见表 1.7.3。

表 1.7.3　边长测量的技术要求

等级	测距仪精度等级	每边测回数		一测回读数较差限值	测回间较差限值
		往测	返测		
一级及以下	Ⅰ	1	1	2	--
	Ⅱ			5	--
	Ⅲ	2	2	10	15
	Ⅳ			20	30

注：一测回是指全站仪盘左、盘右各测量 1 次的过程。

（3）踏勘选点。

（4）水平角测量。

① 安置仪器于测站点 *A* 上，严格对中、整平。

② 盘左观测

（a）瞄准 *B* 目标，按下置零键，读取水平度盘读数 a_1，记入记录手簿。

（b）松开制动螺旋，顺时针方向转动照准部，瞄准 *D* 目标，读取水平度盘读数 b_1，记入记录手簿。

③ 盘右观测

（a）松开制动螺旋，倒转望远镜成盘右位置，瞄准 *D* 目标，读取水平度盘读数 b_2，记入记录手簿。

（b）松开制动螺旋，逆时针方向转动照准部，瞄准 *B* 目标，读取水平度盘读数 a_2，记入记录手簿。

④ 水平角计算，完成第一个测回观测。

⑤ 进行第二测回观测，当两测回角值的差值在规定的限差范围内时，取两测回的平均值作为最终的角值。

⑥ 按照同样的方法测定 *B*、*C*、*D* 点的角值。

（5）水平距离测量。

① 在 *A* 点安置全站仪、*B* 点安置棱镜。

② 盘左观测

瞄准 *B* 点，读取水平距离，记入记录手簿。

③ 盘右观测。

松开制动螺旋，倒转望远镜变成盘右位置，瞄准 *B* 点，读取水平距离，记入记录手簿。

④ 按照同样的方法，将全站仪安置在 *B* 点，瞄准 *A* 点，进行对向观测，当对向观测边长符合规范要求时，取对向观测平均值作为 *AB* 边的长度。

⑤ 按照上述步骤测得其他各边的长度。

（6）闭合导线内业计算。

① 角度闭合差计算及其调整。

$$f_\beta = \sum \beta_{测} - \sum \beta_{理}$$

$$f_{容} = \pm 30'' \sqrt{n}$$ （图根导线）

当 $|f_\beta| \leqslant |f_{\beta容}|$，精度合格。

改正值：$v_\beta = \pm \frac{f_\beta}{n}$（观测左角时取“－”，观测右角时取“＋”）

改正后角值：$\beta' = \beta_{测} + v_\beta$

② 根据改正后的角值计算每条边的坐标方位角

$$\alpha_{前} = \alpha_{后} + 180° - \beta_{右} \quad 或 \quad \alpha_{前} = \alpha_{后} \pm 180° + \beta_{左}$$

③ 计算坐标增量

$$\begin{cases} \Delta x_{AB} = D_{AB} \times \cos \alpha_{AB} \\ \Delta y_{AB} = D_{AB} \times \sin \alpha_{AB} \end{cases}$$

④ 坐标增量闭合差的计算及其调整

$$\begin{cases} \sum \Delta x_{理} = 0 \\ \sum \Delta y_{理} = 0 \end{cases} \qquad \begin{cases} f_x = \sum \Delta x_{测} \\ f_y = \sum \Delta y_{测} \end{cases}$$

$$K = \frac{f_D}{\sum D} = \frac{1}{\sum D / f_D} \qquad \begin{cases} v_{xi} = -\dfrac{f_x}{\sum D} \times D_i \\ v_{yi} = -\dfrac{f_y}{\sum D} \times D_i \end{cases} \qquad f_D = \sqrt{f_x^2 + f_y^2}$$

$$\begin{cases} \sum v_x = -f_x \\ \sum v_y = -f_y \end{cases} \qquad \begin{cases} \Delta x_i = \Delta x_{i测} + v_{xi} \\ \Delta y_i = \Delta y_{i测} + v_{yi} \end{cases}$$

⑤ 待定点坐标的计算

$$\begin{cases} x_i = x_{i-1} + \Delta x_{i-1,i} \\ y_i = y_{i-1} + \Delta y_{i-1,i} \end{cases}$$

五、注意事项

（1）当角度闭合差超限时，角度要重新观测，重新观测前，应仔细查找原因，以免不必要的返工。

（2）内业计算时，每一步都应进行检核。

六、实习报告

1. 记录手簿

表 1.7.4　闭合导线水平角测量记录手簿

日　期:　　　　天　气:　　　　仪　器:

组　别:　　　　观　测:　　　　记　录:

测站	目标	盘位	水平读数	半测回角值	一测回角值	平均角值	备注

续表 1.7.4　闭合导线水平角测量记录手簿

日　期：　　　　　　天　气：　　　　　　仪　器：

组　别：　　　　　　观　测：　　　　　　记　录：

测站	目标	盘位	水平读数	半测回角值	一测回角值	平均角值	备注

表 1.7.5　闭合导线水平距离测量记录手簿

日　期：　　　　天　气：　　　　仪　器：

组　别：　　　　观　测：　　　　记　录：

测站点	目标点	测回数	盘位	距离读数	一测回距离值	多测回距离值

表 1.7.6　闭合导线内业计算手簿

测点	角度观测值 /(° ′ ″)	角度改正值 /(° ′ ″)	改正后角值 /(° ′ ″)	方位角/ (° ′ ″)	边长	坐标增量		坐标增量改正值		改正后坐标增量		坐标	
						Δx	Δy	Δx	Δy	Δx	Δy	x	y
1	2	3	4	5	6	7	8	9	10	11	12	13	14
辅助计算													

2. 实训小结

实训小结	

3. 思考题

（1）什么是闭合导线？闭合导线适用于什么测区？

（2）闭合导线角度闭合差调整的原则是什么？

学习笔记

任务八 附合导线测量

一、实训目的

（1）熟悉国家、行业测量规范，掌握测量规范中的技术要求。

（2）掌握全站仪的使用方法。

（3）掌握全站仪测水平角的方法。

（4）掌握全站仪测水平距离的方法。

（5）掌握附合导线的观测、记录、计算方法。

二、实训任务

已知 B、C 两点的坐标（X_B，Y_B）、（X_C，Y_C）和 AB、CD 边的坐标方位角 α_{AB}、α_{CD}，按照一级导线等级，采用附合导线测量方法，求待定点 1、2、3 点的坐标。

三、仪器设备及工具

全站仪 1 套、带基座棱镜 2 套、木桩若干、斧子 1 把，自备铅笔、小刀、记录手簿等。

四、实训方法及步骤

（1）指导教师讲解实训内容、方法、步骤及注意事项。

（2）技术要求。

根据《铁路工程测量规范》规定，导线测量的技术要求见表 1.8.1。

表 1.8.1　导线测量的主要技术要求

等级	测角中误差	测距相对中误差	方位角闭合差	导线全长相对闭合差	测回数	
					1″级	2″级
一级	4	1/50 000	8	1/20 000	2	2

方向观测法技术要求见表 1.8.2。

表 1.8.2　方向观测法技术要求

等级	仪器等级	半测回归零差/（″）	一测回中 2c 值变动范围/（″）	各测回同一方向值互差/（″）
一级及以下	2″级仪器	12	18	12
	6″级仪器	18	—	24

边长测量技术要求见表 1.8.3。

表 1.8.3　边长测量技术要求

等级	测距仪精度等级	每边测回数		一测回读数较差限值	测回间较差限值
		往测	返测		
一级及以下	Ⅰ	1	1	2	—
	Ⅱ			5	—
	Ⅲ	2	2	10	15
	Ⅳ			20	30

注：一测回是指全站仪盘左、盘右各测量 1 次的过程。

（3）踏勘选点。

（4）水平角测量。

① 安置仪器于测站点 B 上，严格对中、整平。

② 盘左观测。

（a）瞄准 *A* 目标，按下置零键，读取水平度盘读数 a_1，记入记录手簿。

（b）松开制动螺旋，顺时针方向转动照准部，瞄准 1 目标，读取水平度盘读数 b_1，记入记录手簿。

③ 盘右观测

（a）松开制动螺旋，倒转望远镜成盘右位置，瞄准 1 目标，读取水平度盘读数 b_2，记入记录手簿。

（b）松开制动螺旋，逆时针方向转动照准部，瞄准 *A* 目标，读取水平度盘读数 a_2，记入记录手簿。

④ 水平角计算，完成第一个测回观测。

⑤ 进行第二测回观测，当两测回角值的差值在规定的限差范围内时，取两测回的平均值作为最终的角值。

⑥ 按照同样的方法测定 1、2、3、C 点的角值。

（5）水平距离测量。

① 在 *B* 点安置全站仪、1 点安置棱镜。

② 盘左观测。

瞄准 1 点，读取水平距离，记入记录手簿。

③ 盘右观测。

松开制动螺旋，倒转望远镜变成盘右位置，瞄准 1 点，读取水平距离，记入记录手簿。

④ 按照同样的方法，将全站仪安置在 1 点，棱镜安置在 *B* 点，进行对向观测。

当对向观测边长符合规范要求时，取对向观测平均值作为 *B*1 边的长度。

⑤ 以此类推，测得其他各边的长度。

（6）附合导线内业计算。

① 角度闭合差计算及其调整。

$$f_\beta = \alpha_{CD} - \alpha'_{CD}$$

$$\alpha'_{CD} = \alpha_{AB} \pm n \cdot 180° + \sum \beta_{左}$$

$$\alpha'_{CD} = \alpha_{AB} \pm n \cdot 180° - \sum \beta_{右}$$

$$f_{容} = \pm 24'' \sqrt{n}$$

当$\left|f_\beta\right| \leqslant \left|f_{\beta容}\right|$，精度合格。

改正值：

$$v_\beta = \pm \frac{f_\beta}{n}$$（观测左角时取“－”，观测右角时取“＋”）

改正后角值：

$$\beta' = \beta_{测} + v_\beta$$

② 根据改正后的角值计算每条边的坐标方位角

$$\alpha_{前} = \alpha_{后} + 180° - \beta_{右} \quad 或 \quad \alpha_{前} = \alpha_{后} \pm 180° + \beta_{左}$$

③ 计算坐标增量

$$\begin{cases} \Delta x_{AB} = D_{AB} \times \cos\alpha_{AB} \\ \Delta y_{AB} = D_{AB} \times \sin\alpha_{AB} \end{cases}$$

④ 坐标增量闭合差的计算及其调整

$$\begin{cases} \sum \Delta x_{理} = x_{终} - x_{始} \\ \sum \Delta y_{理} = y_{终} - y_{始} \end{cases} \qquad \begin{cases} f_x = \sum \Delta x_{测} - \sum \Delta x_{理} \\ f_y = \sum \Delta y_{测} - \sum \Delta y_{理} \end{cases}$$

$$K = \frac{f_D}{\sum D} = \frac{1}{\sum D / f_D} \qquad \begin{cases} v_{xi} = -\dfrac{f_x}{\sum D} \times D_i \\ v_{yi} = -\dfrac{f_y}{\sum D} \times D_i \end{cases} \qquad f_D = \sqrt{f_x^2 + f_y^2}$$

$$\begin{cases} \sum v_x = -f_x \\ \sum v_y = -f_y \end{cases} \qquad \begin{cases} \Delta x_i = \Delta x_{i测} + v_{xi} \\ \Delta y_i = \Delta y_{i测} + v_{yi} \end{cases}$$

⑤ 待定点坐标的计算

$$\begin{cases} x_i = x_{i-1} + \Delta x_{i-1,i} \\ y_i = y_{i-1} + \Delta y_{i-1,i} \end{cases}$$

五、注意事项

（1）计算终边坐标方位角时，注意转折角的个数。

（2）计算角度改正值时，改正值的符号与观测的是左角还是右角有关。

（3）附合导线每一步计算都应进行检核。

六、实训报告

1. 记录手簿

表 1.8.4　附合导线水平角测量记录手簿

日　期：　　　　天　气：　　　　仪　器：

组　别：　　　　观　测：　　　　记　录：

测站	目标	盘位	水平读数	半测回角值	一测回角值	平均角值	备注

续表 1.8.4　附合导线水平角测量记录手簿

日　期：　　　　　　天　气：　　　　　　仪　器：

组　别：　　　　　　观　测：　　　　　　记　录：

测站	目标	盘位	水平读数	半测回角值	一测回角值	平均角值	备注

表 1.8.5 附合导线水平距离测量记录手簿

日　期:　　　　　　天　气:　　　　　　仪　器:

组　别:　　　　　　观　测:　　　　　　记　录:

测站点	目标点	测回数	盘位	距离读数	一测回距离值	多测回距离值

表 1.8.6　附合导线内业计算手簿

测点	角度观测值 /(° ′ ″)	角度改正值 /(° ′ ″)	改正后角值 /(° ′ ″)	方位角 /(° ′ ″)	边长	坐标增量		坐标增量改正值		改正后坐标增量		坐 标	
						Δx	Δy	Δx	Δy	Δx	Δy	x	y
1	2	3	4	5	6	7	8	9	10	11	12	13	14
辅助计算													

2. 实训小结

实 训 小 结	

3. 思考题

（1）什么是附合导线？附合导线适用于什么测区？

（2）简述附合导线计算步骤。

学习笔记

任务九　光学水准仪的认识与使用

一、实训目的

（1）熟悉国家、行业测量规范，掌握测量规范中的技术要求。

（2）熟悉水准仪各部件的名称、作用及使用方法。

（3）熟悉水准尺的注记方式。

（4）掌握水准尺的读数方法。

（3）掌握一个测站测两点间高差的方法。

二、实训任务

（1）熟悉水准仪各部件的名称，练习其使用方法。

（2）练习水准仪的使用方法。

（3）练习一个测站测两点间高差的方法。

三、仪器设备及工具

DS_3 型水准仪 1 套、水准尺 2 把、尺垫 2 个，自备铅笔、小刀、计算纸、记录手簿等。

四、实训方法及步骤

（1）指导教师讲解实训内容、方法、步骤及注意事项。

（2）熟悉水准仪各部件的名称（见图 1.9.1），作用，练习其使用方法。

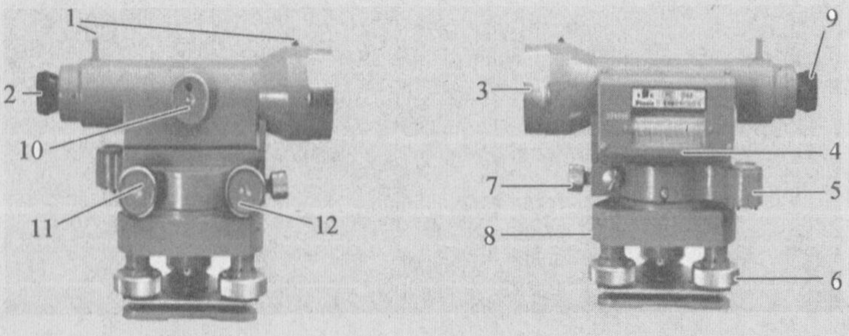

1—外瞄准器；2—目镜；3—物镜；4—管状水准器；5—圆水准器；6—脚螺旋；
7—水平制动螺旋；8—基座；9—目镜调焦螺旋；10—物镜对光螺旋；
11—微倾螺旋；12—微动螺旋。

图 1.9.1　水准仪各部件名称

（3）一个测站测两点间的高差。

① 安置仪器。

（a）打开三脚架，松开三脚架上的蝶形螺旋，调整三脚架的架腿，使三脚架长度适中。

（b）选定安置仪器的位置，放置三脚架在地面上，三脚架高度适中，架头保持水平，且三脚架要放置稳固。

（c）打开仪器箱，取出水准仪，将水准仪用连接螺旋安装在三脚架上。

② 粗平。

（a）将望远镜转动到平行于任意两个脚螺旋的连线方向，调节这两个脚螺旋，使气泡移动到过圆水准器零点且垂直这两个脚螺旋连线的直线方向。

（b）调节第 3 个脚螺旋，使圆气泡居中。

③ 瞄准后视点水准尺。

（a）目镜调焦：调节目镜调焦螺旋，使十字丝清晰。

（b）粗略照准：利用镜筒上的照门（缺口和准星），使其 3 点成一线照准目标，制动制动螺旋。

（c）物镜调焦：调节物镜调焦螺旋，使水准尺在望远镜内成像清晰。

（d）精确照准：调节微动螺旋，使水准尺影像被十字丝纵丝平分。

（e）消除视差：重新调节目镜、物镜调焦螺旋，使水准尺影像落在十字丝分划板上。

④ 精平。

调节微倾螺旋，使符合气泡符合。

⑤ 读取后视读数 a。

⑥ 瞄准前视点水准尺。

松开水平制动螺旋，转动望远镜，瞄准前视点水准尺。

⑦ 精平。

⑧ 读取前视读数 b。

⑨ 计算两点间高差 h。

$$\text{高差 } h=a-b\text{。}$$

五、注意事项

（1）打开仪器箱时，注意观察仪器在箱中的放置情况。

（2）安置仪器时，三脚架的高度要与司镜者的高度相适应且稳定，三脚架架头应保持水平，中心螺旋及蝶形螺旋不要拧得过紧或过松。

（3）操作仪器时不要将身体任何部位压在三脚架和仪器上，不能骑跨脚架，不得在仪器周围来回走动。

（4）安置仪器前，应将各个螺旋调节到中间位置，调节螺旋时动作要轻。

（5）读数前应一定要看清水准尺的注记形式。

（6）水准尺一定要扶直，不能倾斜，当水准尺读数大于 1.5 m 时要采用摇尺法，读取最小读数。

（7）读数时一定要消除视差的影响。

（8）读数前一定要精平使符合气泡符合，读数时应注意估读的准确性。

六、实训报告

1. 记录手簿

表 1.9.1　水准测量记录手簿

日　期:　　　　　　　　天　气:　　　　　　　　仪　器:

组　别:　　　　　　　　观　测:　　　　　　　　扶　尺:

测　点	水准尺读数		高　差	备　注
	后　视	前　视		

2. 实训小结

实训小结	

3. 思考题

（1）将水准仪各部位名称填入图 1.9.2 相应位置。

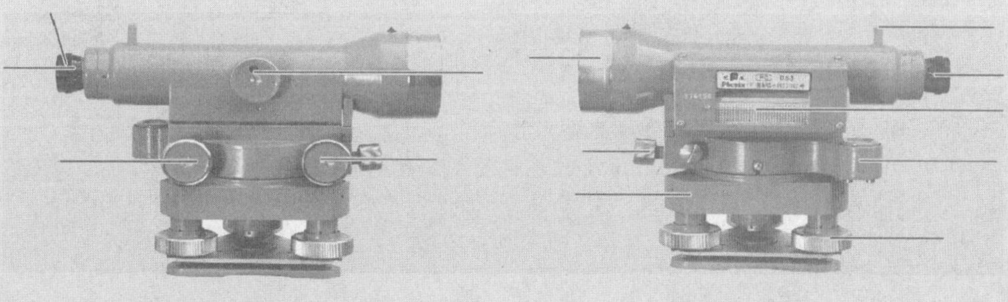

图 1.9.2

（2）简述一测站测两点间高差的方法。

学习笔记

任务十 单程水准测量

一、实训目的

（1）熟悉国家、行业测量规范，掌握测量规范中的技术要求。

（2）掌握水准仪的使用方法。

（3）掌握单程水准测量的观测、记录及计算方法。

二、实训任务

已知水准点 BM_A 点的高程为 H_A，采用单程水准测量，按照五等水准测量精度要求，求待定点 BM_B 点的高程。

三、仪器设备及工具

水准仪 1 套、水准尺 2 把、尺垫 2 个，自备铅笔、小刀等。

四、实训方法及步骤

（1）指导教师讲解实训内容、方法、步骤及注意事项。

（2）在实训场地选定 A、B 两点。

（3）由已知高程点 BM_A 出发，沿拟定的水准路线方向，设立 ZD_1，在 BM_A 和 ZD_1 之间安置水准仪，读取后视读数及前视读数，并记入记录手簿。

（4）ZD_1 立尺不动，设立 ZD_2，在 ZD_1 和 ZD_2 之间安置水准仪，读取后视读数 和前视读数 并记入记录手簿。

（5）按上述方法，继续观测，观测至待测点 BM_B。

（6）计算两点之间的高差。

$$h_{AB}=\sum a-\sum b=\sum h$$

（7）计算待测点的高程。

$$H_B=H_A+h_{AB}$$

五、注意事项

（1）转点与测站点应选择在稳固的地方。

（2）仪器到后视点的距离和仪器到前视点的距离应大致相等。

（3）前、后视距离不应大于 100 m，特殊困难地区不应大于 150 m，且中丝最小读数不应小于 0.3 m。

（4）同一个测站读完后视读数后，不得搬动仪器，瞄准前视目标读取前视读数后方可搬站。

（5）转点上读完上一测站的前视读数后，尺垫不得移动，直到读完下一个测站的后视读数后方可移动。

（6）已知点和待定点上不能放尺垫。

六、实训报告

1. 记录手簿

表 1.10.1　水准测量记录手簿

日　期：　　　　天　气：　　　　仪　器：

组　别：　　　　观　测：　　　　扶　尺：

测　点	水准尺读数		高差	高程
	后视读数	前视读数		

续表 1.10.1　水准测量记录手簿

日　期：　　天　气：　　仪　器：

组　别：　　观　测：　　扶　尺：

测 点	水准尺读数		高差	高程
	后视读数	前视读数		
辅助计算				

2. 实训小结

实训小结	

3. 思考题

（1）什么是转点？转点有何作用？

（2）什么是支水准路线？

（3）前后视距离相等可以减弱哪些误差的影响？

学习笔记

任务十一 往返水准测量

一、实训目的

（1）熟悉国家、行业测量规范，掌握测量规范中的技术要求。

（2）掌握水准仪的使用方法。

（3）掌握往返水准测量的观测、记录及计算方法。

二、实训任务

1. 已知水准点 BM_A 点的高程 H_A，采用往返水准测量，按照五等水准测量精度要求，求待定点 BM_B 的高程。

三、仪器设备及工具

水准仪 1 套、水准尺 2 把、尺垫 2 个，自备铅笔、小刀等。

四、实训方法及步骤

（1）指导教师讲解实训内容、方法、步骤及注意事项。

（2）在实训场地选定 A、B 两点。

（3）往测。

① 由已知高程点 BM_A 出发，沿拟定的水准路线方向，设立 ZD_1，在 BM_A 和 ZD_1 之间安置水准仪，读取后视读数及前视读数，并记入记录手簿。

② ZD_1 立尺不动，设立 ZD_2，在 ZD_1 和 ZD_2 之间安置水准仪，读取后视读数和前视读数 并记入记录手簿。

③ 按上述方法，继续观测，观测至待测点 BM_B。

④ 计算往测高差。

$$h_{AB}=\sum h=\sum a-\sum b$$

（4）返测。

① 选择与往测相同或不同的水准路线，按照上述方法，由 BM_B 点观测到 BM_A 点。

② 计算返测高差。

$$h_{BA}=\sum h=\sum a-\sum b$$

（5）计算待定点高程。

高差闭合差：　$f_h = h_{往} + h_{返}$

容许闭合差：　$F_h = \pm 30\sqrt{L}$ mm

L 为水准路线长度，以往测为准。

若 $f_h \leqslant F_h$，精度合格；若 $f_h > F_h$，精度不合格，重新测量。

平均高差：　$h_{AB} = \dfrac{h_{往} - h_{返}}{2}$

BM_B 点高程：　$H_B = H_A + h_{AB}$

五、注意事项

（1）往返观测可以是同一条水准路线，也可以是不同水准路线。

（2）待定点从往测变为返测时，应重新读数。

（3）计算高差容许闭合差时，水准路线的长度以千米（km）为单位，计算的结果以毫米（mm）为单位。

六、实训报告

1. 记录手簿

表 1.11.1　往返水准测量记录手簿

日　期：　　天　气：　　仪　器：

组　别：　　观　测：　　扶　尺：

测 点	水准尺读数		高差	高程
	后视读数	前视读数		

续表 1.11.1　往返水准测量记录手簿

日　期:　　　　天　气:　　　　仪　器:

组　别:　　　　观　测:　　　　扶　尺:

测　点	水准尺读数		高差	高程
	后视读数	前视读数		
辅助计算				

2. 实训小结

实训小结	

3. 思考题

（1）什么是高差闭合差？往返测闭合差如何计算？

（2）什么是往返观测？

学习笔记

任务十二 闭合水准测量

一、实训目的

（1）熟悉国家、行业测量规范，掌握测量规范中的技术要求。

（2）掌握水准仪的使用方法。

（3）掌握闭合水准测量的观测、记录与计算方法。

二、实训任务

已知水准点 BM_A 点的高程为 $H_A = 352.887$ m，采用闭合水准测量，按照五等水准测量精度要求，求待定点 BM_B、BM_C、BM_D 点的高程。

三、仪器设备及工具

水准仪 1 套、水准尺 2 把、尺垫 2 个，自备铅笔、小刀等。

四、实训方法及步骤

（1）指导教师讲解实训内容、方法、步骤及注意事项。

（2）在实训场地选定 BM_A、BM_B、BM_C、BM_D 四点。

（3）测定 BM_A、BM_B 两点高差。

① 由已知高程点 BM_A 出发，沿拟定的水准路线方向，设立 ZD_1，在 BM_A 和 ZD_1 之间安置水准仪，读取后视读数及前视读数 ,并记入记录手簿。

② ZD_1 立尺不动，设立 ZD_2，在 ZD_1 和 ZD_2 之间安置水准仪，读取后视读数和前视读数，并记入记录手簿。

③ 按上述方法，继续观测，观测至待测点 BM_B。

④ 计算 BM_A、BM_B 高差。

$$h_{AB} = \sum h = \sum a - \sum b$$

（4）按照上述方法测定 BM_B 与 BM_C、BM_C 与 BM_D、BM_D 与 BM_A 之间的高差。

（5）计算待定点高程。

高差闭合差：$f_h = \sum h_{测}$

容许闭合差：$F_h = \pm 30\sqrt{L}$ mm

若 $f_h \leqslant F_h$，精度合格；若 $f_h > F_h$，精度不合格，重新测量。

改正值：　$v_i = -\frac{f_h}{\sum L} L_i$

检核：　$\sum v_i = -f_h$

改正后高差：　$h_i' = h_i + v_i$

检核：　$\sum h_i' = 0$

改正后各点高程：　$H_{前} = H_{后} + h_i'$

五、注意事项

（1）在已知点和待定点上均不能放置尺垫。

（2）每一个测段点号应记录清楚，一测段测完后立即计算该测段的高差。

（3）闭合差调整与待测点高程计算时，每一步都要检核。

六、实训报告

1. 记录手簿

表 1.12.1 闭合水准测量记录手簿

日　期：　　　　天　气：　　　　仪　器：

组　别：　　　　观　测：　　　　扶　尺：

测点	水准尺读数		高差	高程
	后视读数	前视读数		

续表 1.12.1 闭合水准测量记录手簿

日　期:　　　　　　　　天　气:　　　　　　　　仪　器:

组　别:　　　　　　　　观　测:　　　　　　　　扶　尺:

测　点	水准尺读数		高差	高程
	后视读数	前视读数		

续表 1.12.1 闭合水准测量记录手簿

日　期:　　　　　　　　天　气:　　　　　　　　仪　器:

组　别:　　　　　　　　观　测:　　　　　　　　扶　尺:

测点	水准尺读数		高差	高程
	后视读数	前视读数		

表 1.12.2　闭合水准测量高程计算手簿

日　期:　　　　　　　　　　天　气:　　　　　　　　　　仪　器:

组　别:　　　　　　　　　　观　测:　　　　　　　　　　计　算:

点号	实测高差	水准路线长度	高差改正数	改正后高差	改正后高程
辅助计算					

2. 实训小结

实训小结	

3. 思考题

（1）什么是闭合水准测量?

（2）闭合水准测量高差闭合差如何计算?

（3）闭合水准测量闭合差调整的原则是什么?

学习笔记

任务十三 附合水准测量

一、实训目的

（1）熟悉国家、行业测量规范，掌握测量规范中的技术要求。

（2）掌握水准仪的使用方法。

（3）掌握附合水准测量的观测、记录与计算方法。

二、实训任务

已知水准点 BM_A、BM_B 点的高程为 $H_A=352.887$ m、$H_B=352.721$ m，采用附合水准测量，按照五等水准测量精度要求，求待定点 BM_1、BM_2、BM_3 点的高程。

三、仪器设备及工具

水准仪 1 套、水准尺 2 把、尺垫 2 个，自备铅笔、小刀等。

四、实训方法及步骤

（1）指导教师讲解实训内容、方法、步骤及注意事项。

（2）在实训场地选定 BM_A、BM_B、BM_1、BM_2、BM_3。

（3）测定 BM_A、BM_1 两点高差。

① 由已知高程点 BM_A 出发，沿拟定的水准路线方向，设立 ZD_1，在 BM_A 和 ZD_1 之间安置水准仪，读取后视读数及前视读数，并记入记录手簿。

② ZD_1 立尺不动，设立 ZD_2，在 ZD_1 和 ZD_2 之间安置水准仪，读取后视读数和前视读数，并记入记录手簿。

③ 按上述方法，继续观测，观测至待测点 BM_1。

④ 计算 BM_A、BM_1 高差。

$$h_{A1}=\sum h=\sum a-\sum b$$

（4）按照上述方法测定 BM_1 与 BM_2、BM_2 与 BM_3、BM_3 与 BM_B 之间的高差。

（5）计算待定点高程。

高差闭合差： $f_h=\sum h-(H_B-H_A)$

容许闭合差： $F_h=\pm 30\sqrt{L}$ mm

水准路线长度L为各测段水准路线长度的总和。

若$f_h \leqslant F_h$，精度合格；若$f_h > F_h$，精度不合格，重新测量。

改正值：$$v_i = -\frac{f_h}{\sum L} L_i$$

检核：$$\sum v_i = -f_h$$

改正后高差：$$h_i' = h_i + v_i$$

检核：$$\sum h_i' = H_B - H_A$$

改正后各点高程：$$H_{前} = H_{后} + h_i'$$

五、注意事项

（1）在已知点和待定点上均不能放置尺垫。

（2）每一个测段点号应记录清楚，一测段测完后立即计算该测段的高差。

（3）闭合差调整与待测点高程计算时，每一步都要检核。

六、实训报告

1. 记录手簿

表 1.13.1 附合水准测量记录手簿

日　期：　　天　气：　　仪　器：

组　别：　　观　测：　　扶　尺：

测　点	水准尺读数		高差	高程
	后视读数	前视读数		

续表 1.13.1　附合水准测量记录手簿

日　期：　　　　　　　　天　气：　　　　　　　　仪　器：

组　别：　　　　　　　　观　测：　　　　　　　　扶　尺：

测 点	水准尺读数		高差	高程
	后视读数	前视读数		

续表 1.13.1　附合水准测量记录手簿

日　期：　　　　　　天　气：　　　　　　仪　器：

组　别：　　　　　　观　测：　　　　　　扶　尺：

测点	水准尺读数		高差	高程
	后视读数	前视读数		

表 1.13.2　附合水准测量高程计算手簿

日　期:　　　　　　　　天　气:　　　　　　　　仪　器:

组　别:　　　　　　　　观　测:　　　　　　　　计　算:

点号	实测高差	水准路线长度	高差改正数	改正后高差	改正后高程
辅助计算					

2. 实训小结

实训小结	

3. 思考题

（1）什么是附合水准测量?

（2）附合水准测量高差闭合差如何计算?

（3）附合水准测量闭合差调整的原则是什么?

（4）水准测量校核的方法有哪几种?

学习笔记

任务十四　电子水准仪的认识与使用

一、实训目的

（1）熟悉国家、行业测量规范，掌握测量规范中的技术要求。

（2）熟悉电子水准仪各部件的名称、作用及使用方法

（4）掌握电子水准仪的使用方法。

（5）掌握电子水准仪的读数方法。

（5）掌握电子水准仪一个测站测两点间高差的方法。

二、实训任务

（1）熟悉电子水准仪各部件的名称、作用，练习其使用方法。

（2）练习电子水准仪的使用方法。

（3）练习一测站测两点间高差的方法。

（4）已知 A、B 两点，利用电子水准仪测两点间的高差。

三、仪器设备及工具

电子水准仪 1 套、水准尺 2 把、尺垫 2 个，自备铅笔、小刀、记录手簿等。

四、实训方法及步骤

（1）指导教师讲解实训内容、方法、步骤及注意事项。

（2）熟悉电子水准仪各部件的名称（见图 1.14.1）、作用，练习其使用方法。

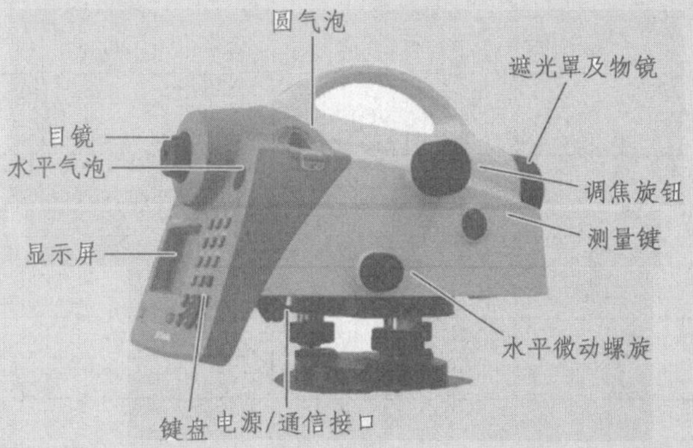

图 1.14.1　电子水准仪各部件名称

（3）一个测站测两点间的高差。

五、注意事项

（1）瞄准目标时，一定要消除视差。

（2）测量前，应进行仪器设置。

六、实训报告

1. 记录手簿

表 1.14.1　水准测量记录手簿

日　期：　　　　天　气：　　　　仪　器：

组　别：　　　　观　测：　　　　扶　尺：

测　点	水准尺读数		高　差	备　注
	后　视	前　视		
辅助计算				

2. 实训小结

实 训 小 结	

3. 思考题

（1）电子水准仪有哪些优缺点？

（2）电子水准仪由哪几部分组成？

学习笔记

任务十五 四等水准测量

一、实训目的

（1）熟悉国家、行业测量规范，掌握测量规范中的技术要求。

（2）掌握水准仪的使用方法。

（3）掌握四等水准测量的观测、记录及计算方法。

二、实训任务

已知 BM_A 点的高程，按照四等水准测量要求，测定待定点 BM_B 点的高程。。

三、仪器设备及工具

水准仪 1 套、水准尺 2 把、尺垫 2 个，自备铅笔、小刀等。

四、实训方法及步骤

（1）指导教师讲解实训内容、方法、步骤及注意事项。

（2）了解技术要求，见表 1.15.1。

表 1.15.1　四等水准测量的主要技术要求

等级	水准仪型号	视线长度/m	前后视较差/m	前后视累积差/m	视线离地面最低高度/m	基、辅分划或黑、红面读数较差/mm	基、辅分划或黑、红面所测高差较差/mm
四等	DS_3	100	5	10	0.2	3.0	5.0

（3）观测与记录。

① 安置仪器。

② 瞄准后视水准尺黑面，读取下丝（1）、上丝（2）、中丝（3）读数，并记录到相应表格。

③ 瞄准后视水准尺红面，读取中丝（4）读数。

④ 瞄准前视水准尺黑面，读取下丝（5）、上丝（6）、中丝（7）读数。

⑤ 瞄准前视水准尺红面，读取中丝（8）读数。

（4）计算。

① 测站计算

后视距：$(9)=[(1)-(2)]\times100$

前视距：$(10)=[(5)-(6)]\times100$

视距差：$(11)=(9)-(10)$

视距累积差：（12）= 本站的（11）+ 前站的（12）

后视黑红面读数差：$(13)=K_1+(3)-(4)$

前视黑红面读数差：$(14)=K_2+(7)-(8)$

黑面高差：$(15)=(3)-(7)$

红面高差：$(16)=(4)-(8)$

黑红面高差之差：$(17)=(13)-(14)=(15)-[(16)\pm0.100]$

高差中数：$(18)=1/2[(15)+(16)\pm0.100]$

②水准路线计算

总的视距长：$L=\sum(9)+\sum(10)$

当测站数为偶数时，总高差：$\sum(18)=[\sum(15)+\sum(16)]/2$

当测站数为奇数时，总高差：$\sum(18)=\{\sum(15)+\sum[(16)\pm0.100]\}/2$

③ 高差闭合差及容许闭合差的计算。

高差闭合差：闭合水准路线 $f_h=\sum(18)$

附合水准路线 $f_h=\sum(18)-(H_{终}-H_{始})$

允许闭合差：$F_h=\pm20\sqrt{L}$

④ 计算待定点的高程：$H_{前}=H_{后}+h$

五、注意事项

（1）一个测站观测完毕，应马上计算，只有各项限差符合要求后，才能进行下一个测站的观测。

（2）双面水准尺的尺常数应记清，其中一根为 4.687，另一根为 4.787，迁站时，应注意两根尺的顺序不能颠倒。

（3）四等水准测量的观测顺序为后—后—前—前。

六、实训报告

1. 记录手簿

表 1.15.2　四等水准测量记录手簿

日　期:　　　　　　　天　气:　　　　　　　计　算:

组　别:　　　　　　　观　测:　　　　　　　记　录:

<table>
<tr><td rowspan="4">测点编号</td><td>后尺 下丝</td><td>前尺 下丝</td><td rowspan="4">方向及尺号</td><td colspan="2">标尺读数</td><td rowspan="4">K+黑－红/mm</td><td rowspan="4">高差中数/m</td></tr>
<tr><td>后尺 上丝</td><td>前尺 上丝</td><td rowspan="3">黑面/m</td><td rowspan="3">红面/m</td></tr>
<tr><td>后距/m</td><td>前距/m</td></tr>
<tr><td>视距差/m</td><td>累加差/m</td></tr>
<tr><td rowspan="4">—</td><td>(1)</td><td>(5)</td><td>后尺 1#</td><td>(3)</td><td>(4)</td><td>(13)</td><td rowspan="3">(18)</td></tr>
<tr><td>(2)</td><td>(6)</td><td>前尺 2#</td><td>(7)</td><td>(8)</td><td>(14)</td></tr>
<tr><td>(9)</td><td>(10)</td><td>后－前</td><td>(15)</td><td>(16)</td><td>(17)</td></tr>
<tr><td>(11)</td><td>(12)</td><td colspan="5">K_1=　　　　K_2=</td></tr>
<tr><td rowspan="4">—</td><td></td><td></td><td></td><td></td><td></td><td></td><td rowspan="3"></td></tr>
<tr><td></td><td></td><td></td><td></td><td></td><td></td></tr>
<tr><td></td><td></td><td></td><td></td><td></td><td></td></tr>
<tr><td></td><td></td><td colspan="5"></td></tr>
<tr><td rowspan="4">—</td><td></td><td></td><td></td><td></td><td></td><td></td><td rowspan="3"></td></tr>
<tr><td></td><td></td><td></td><td></td><td></td><td></td></tr>
<tr><td></td><td></td><td></td><td></td><td></td><td></td></tr>
<tr><td></td><td></td><td colspan="5"></td></tr>
<tr><td rowspan="4">本页检核</td><td colspan="2">$\sum(9)=$</td><td></td><td colspan="2">$\sum(3)=$</td><td colspan="2">$\sum(4)=$</td></tr>
<tr><td colspan="2">$\sum(10)=$</td><td></td><td colspan="2">$\sum(7)=$</td><td colspan="2">$\sum(8)=$</td></tr>
<tr><td colspan="2">$\sum d=(12)_{末站}=$</td><td></td><td colspan="2">$\sum(15)=$</td><td colspan="2">$\sum(16)=$</td></tr>
<tr><td colspan="2">L=</td><td colspan="5">$[\sum(15)+\sum(16)]/2=$　　　$\sum(18)=$</td></tr>
</table>

续表 1.15.2　四等水准测量记录手簿

日　期：　　　　天　气：　　　　计　算：

组　别：　　　　观　测：　　　　记　录：

测点编号	后尺 下丝 / 上丝 / 后距/m / 视距差/m	前尺 下丝 / 上丝 / 前距/m / 累加差/m	方向及尺号	标尺读数 黑面/m	标尺读数 红面/m	K+黑－红/mm	高差中数/m
丨	(1)	(5)	后尺 1#	(3)	(4)	(13)	(18)
	(2)	(6)	前尺 2#	(7)	(8)	(14)	
	(9)	(10)	后－前	(15)	(16)	(17)	
	(11)	(12)	K_1=		K_2=		
丨							
丨							
丨							
本页检核	$\sum(9)=$			$\sum(3)=$		$\sum(4)=$	
	$\sum(10)=$			$\sum(7)=$		$\sum(8)=$	
	$\sum d=(12)_{末站}=$			$\sum(15)=$		$\sum(16)=$	
	$L=$		$[\sum(15)+\sum(16)\pm 0.100]/2=$			$\sum(18)=$	

2. 实训小结

实训小结	

3. 思考题

（1）四等水准测量一个测站应观测哪些数据?

（2）四等水准测量观测顺序是什么?

学习笔记

任务十六　三角高程测量

一、实训目的

（1）熟悉国家、行业测量规范，掌握测量规范中的技术要求。
（2）掌握全站仪的使用方法。
（3）掌握三角高程测量的原理。
（4）掌握三角高程测量观测、记录、计算的方法。

二、实训任务

已知 A 点的高程，按照三角高程测量方法，求待定点 B 点的高程。

三、仪器设备及工具

全站仪 1 套、对中杆 1 个、棱镜 1 个、小钢尺 1 把，自备铅笔、小刀、记录手簿等。

四、实训方法及步骤

（1）指导教师讲解实训内容、方法、步骤及注意事项。
（2）将全站仪安置在 A 点，用小钢尺量取仪器高。
（3）将棱镜安置在 B 点，读取觇标高。
（4）按坐标测量，输入测站点高程、仪器高、棱镜高。
（5）按测量键，控制面板显示待定点 B 点高程。

五、注意事项

（1）量取仪器高时，从不同地方量取 3 次，取 3 次平均值。
（2）为了提高测量精度，应观测温度和气压。

六、实训报告

1. 记录手簿

表 1.16.1　三角高程测量记录手簿

日　期:　　　　天　气:　　　　温　度:　　　　气　压:

仪　器:　　　　组　别:　　　　观　测:　　　　记　录

测站	目标	仪器高/m	目标高/m	竖盘读数/(°′″)		指标差/(°′″)	天顶角/(°′″)	距离			平均距离/m	高差/m	分组高差/m	平均高差/m
				盘左	盘右			盘左	盘右	平均				

续表 1.16.1　三角高程测量记录手簿

日　期：　　　　天　气：　　　　温　度：　　　　气　压：

仪　器：　　　　组　别：　　　　观　测：　　　　记　录

测站	目标	仪器高/m	目标高/m	竖盘读数/(°′″)		指标差/(°′″)	天顶角/(°′″)	距离			平均距离/m	高差/m	分组高差/m	平均高差/m
				盘左	盘右			盘左	盘右	平均				

表 1.16.2　三角高程测量高程计算表

日　期:　　　　　　　　天　气:　　　　　　　　计　算:

组　别:　　　　　　　　观　测:　　　　　　　　记　录:

点号	路线长度/km	观测高差/m	高差改正数/mm	改正后高差/m	高程/m
1	2	3	4	5	6
$\sum$					
辅助计算					

2. 实训小结

实 训 小 结	

3. 思考题

（1）绘图说明三角高程测量的原理。

（2）采用对向观测可以减弱哪些误差的影响?

学习笔记

任务十七 全站仪碎部点测量

一、实训目的

（1）熟悉国家、行业测量规范，掌握测量规范中的技术要求。

（2）掌握全站仪碎部点采集的方法。

（3）掌握全站仪数据的通讯输出方法。

（4）掌握野外草图的绘制方法。

（5）掌握全站仪成图方法。

二、实训任务

已知控制点 A、B、C 三点坐标，利用全站仪完成碎部点的采集，并绘制成图。

三、仪器设备及工具

全站仪 1 套、棱镜 1 个、对中杆 1 个、数据传输电缆 1 条或 U 盘 1 个，自备铅笔、小刀、记录手簿等。

四、实训方法及步骤

（1）指导教师讲解实训内容、方法、步骤及注意事项。

（2）野外数据采集。

① 安置仪器。

将全站仪安置在已知点 A，并量取仪器高。

② 创建文件。

在全站仪的内存或电子记录手簿中选择或创建一个文件，主要是用于存储所测碎部点。

③ 测站定向和定向检查。

瞄准后视点 B 进行后视定向，并选择 C 点进行定向检查，当符合限差要求后可进行碎部点坐标采集，否则需重新定向。

④ 测量碎部点坐标。

照准反射棱镜，输入棱镜高，测定各碎部点的三维坐标并记录在全站仪内存中或电子手簿上。

（2）全站仪数据传输。

方式一：

① 利用数据传输电缆将全站仪与电脑连接。

② 运行数据传输软件，并设置通信参数（端口号、波特率、奇偶校验等）。

③ 进行数据传输，保存数据文件。

方式二：

① 将 U 盘与全站仪相连。

② 设置连接方式，选择文件格式。

③ 进行数据传输，保存数据文件。

（3）CASS 软件成图。

五、注意事项

（1）测量时，必须绘制草图，草图上标注碎部点点号及属性与全站仪中记录的点号应对应。

（2）地物、地貌特征点的选择一定要合理。

（3）外业采集数据后，应及时将全站仪数据导出到计算机中并备份。

（4）用电缆连接全站仪与计算机时，应打开电源，拔出电缆后，应关闭电源，并注意正确的连接与拔出方法。

六、实训报告

1. 记录手簿

表 1.17.1　绘制草图

日　期：	天　气：	仪　器：
组　别：	观　测：	记　录：

2. 实训小结

实训小结	

3. 思考题

（1）简述全站仪测图外业数据采集的步骤。

（2）什么是地物？什么是地貌？

学习笔记

任务十八 GNSS 接收机的认识与使用

一、实训目的

（1）熟悉国家、行业测量规范，掌握测量规范中的技术要求。

（2）熟悉 GNSS 接收机各部件的名称、作用及使用方法。

（3）掌握 GNSS 接收机的使用方法。

二、实训任务

熟悉 GNSS 接收机各部件的名称、作用及使用方法，掌握 GNSS 接收机的使用方法。

三、仪器设备及工具

GNSS 接收机 1 套，自备铅笔、小刀、记录手簿等。

四、实训方法及步骤

（1）指导教师讲解实训内容、方法、步骤及注意事项。

（2）熟悉 GNSS 接收机各部件的名称、作用及使用方法。

（3）静态测量。

① 安置仪器。

将接收机安置在控制点上，量取仪器高，将仪器高、点位信息、天气信息、点之记等信息填入到外业观测记录表中。

② 工作模式设置。

将电池装入电池仓，打开电源，进入菜单，设置工作模式。

③ 数据采集。

④ 数据输出。

五、注意事项

（1）天线高应取测前与测后平均值。

（2）在观测前，应对 GNSS 接收机进行设置。

六、实训报告

1. 记录手簿

表 1.18.1　记录草纸

日　期:	天　气:	仪　器:
组　别:	观　测:	记　录:

2. 实训小结

实训小结	

3. 思考题

（1）GNSS 由哪几部分组成？

（2）GNSS 接收机由哪几部分组成？

学习笔记

任务十九 RTK 碎部点测量

一、实训目的

（1）熟悉国家、行业测量规范，掌握测量规范中的技术要求。

（2）掌握 RTK 模式的设置。

（3）掌握 RTK 野外数据采集及记录。

（4）掌握 RTK 与计算机数据通信的方法。

（5）掌握 RTK 碎部测量的方法。

二、实训任务

已知控制点 *A*、*B*、*C* 三点坐标，利用 RTK 完成碎部点的采集，并绘制成图。

三、仪器设备及工具

RTK 1 套、数据传输电缆 1 根、计算机 1 台、CASS 软件 1 套，自备铅笔、橡皮、小刀、指导书等。

四、实训方法及步骤

（1）指导教师讲解实训内容、方法、步骤及注意事项。

（2）基准站的安置。

基准站安置在视野相对开阔、地势较高的地方，完成基准站、外置电台、数据线、蓄电池等的连接。

（3）设置基准站工作模式。

将工作模式设置为基准站+外置电台模式，同时应设置外置电台频道，检查接收机及电台的工作状态，确保基站的正常运行。

（4）移动站设置。

手簿通过蓝牙和移动站进行连接，电台模式下移动站接受基准站数据时需要把移动站的内置电台频道调整为与基准站电台频率一致的频道，CORS 模式下需要运用 GPRS 网络通过设置服务器、端口、APN 接入点等参数将移动站连接到 CORS 服务器上。

（5）求解参数（点校正）。

① 手簿输入参与校正的已知点坐标。

② 实地测量要校正的点的 GNSS 坐标。

③ 点击测量→点校正→增加→网格点坐标→GNSS 点坐标→确定→依次增加要参与校正的点的网格点坐标和 GNSS 点坐标—点计算—确定—出现两次提示框—两次都点击确定，点校正完成。

（6）碎部点测量。

在移动站达到固定解的状态下，把移动站依次立于各个碎部点上，采集各个碎部特征点的坐标，并在草图上依次标注相应的点号，对于较为重要的碎部特征点，可以增加移动站 GNSS 数据平滑次数，以提高测量精度。

（7）数据输出。

在数据输出界面选择数据输出的格式，一般情况下选择 CASS 格式，用数据线将手簿和计算机连接，把手簿中的数据传输到计算机中。

（8）CASS 软件成图。

五、注意事项

（1）设置外置电台频道时，要确保在工作范围内没有与外置电台发射频率相同的其他基准站。

（2）以固定解模式观测普通地物点，连续观测 3 次，取平均值作为最终结果。

（3）以固定解模式观测重要地物点，连续观测 5 次，取平均值作为最终结果。

（4）作业过程中如果发生初始化丢失时，需要重新稳定进行初始化工作，直至得到 RTK 固定解为止。

六、实训报告

1. 记录手簿

表 1.19.1　绘制草图

日　期：	天　气：	仪　器：
组　别：	观　测：	记　录：

2. 实训小结

实训小结	

3. 思考题

（1）RTK 系统由哪几部分组成？

（2）RTK 的作业模式有几种？

（3）简述 RTK 测量操作步骤。

学习笔记

任务二十　地形图的应用

一、实训目的

（1）熟悉国家、行业测量规范，掌握测量规范中的技术要求。

（2）掌握利用地形图查询高程、坐标、距离以及方向的方法。

二、实训内容

给定数字地形图或纸质地形图，查询 *A* 点的坐标、高程，*AB* 边的距离及坐标方位角。

三、仪器设备及工具

1∶500 数字地形图或纸质地形图 1 幅，自备铅笔、小刀、记录手簿等。

四、实训方法及步骤

（1）指导教师讲解实训内容、方法、步骤及注意事项。

（2）查询 *A* 点的高程、坐标。

（3）查询 *AB* 边的方位角及长度。

五、注意事项

（1）在计算点的高程、坐标时，注意地形图的比例尺。

（2）用尺子在纸质地形图上量距离时，一定要准确。

六、实训报告

1. 记录手簿

地形图应用记录手簿

日　期:　　　　　　　天　气:　　　　　　　仪　器:

组　别:　　　　　　　观　测:　　　　　　　记　录:

点号	高程	坐标		方位角	距离

2. 实训小结

实训小结	

3. 思考题

（1）在地形图上如何查询点的高程?

（2）在地形图上如何计算土方量?

学习笔记

第二部分　强化训练

一、实训目的

通过强化训练，使学生熟练掌握水准仪、全站仪的使用方法，掌握水准测量、角度测量的方法。熟悉国家、行业测量规范，掌握测量规范中的技术要求，主要培养学生仪器的操作能力和严谨细致、精益求精的工匠精神以及吃苦耐劳、团结协作的品质，增强学生的职业能力和职业素养。

二、仪器设备及工具

全站仪 1 套、棱镜 2 个、对中杆 2 个，水准仪 1 套、水准尺 1 对、尺垫 2 个，自备铅笔、小刀、记录手簿等。

三、实训要求

（1）严格遵守实训作业时间，按时到达实训场地。严禁旷课、迟到、早退，有事、有病请假。

（2）严禁在实训场地上打闹玩耍，做与实训无关的事，以免影响实训。

（3）注意人身和仪器的安全，做好劳动保护，遵守相关规定，严格按照规范要求操作仪器，若没按规定执行，造成后果本人承担。

（4）实训期间，正常晚自习，以完成相关任务。

（5）实训日记与实训报告应围绕实训项目，主要总结收获、解决问题的办法等与实训相关的内容。

（6）实训报告要求字迹清晰、书写整齐、计算准确、资料完整。

任务一　水准测量

一、实训任务

已知 BM_A 点的高程，采用闭合水准路线，按照五等水准测量技术要求，测定待定点 1、2、3 点的高程，每个测段均要求进行往返观测。

二、实训手簿

表 2.1.1 闭合水准测量记录手簿

日　期:　　天　气:　　仪　器:

组　别:　　观　测:　　扶　尺:

测点	水准尺读数		高差	高程
	后视读数	前视读数		

续表 2.1.1　闭合水准测量记录手簿

日　期:　　　　　　　　天　气:　　　　　　　　仪　器:

组　别:　　　　　　　　观　测:　　　　　　　　扶　尺:

测　点	水准尺读数		高差	高程
	后视读数	前视读数		

续表 2.1.1 闭合水准测量记录手簿

日 期: 天 气: 仪 器:

组 别: 观 测: 扶 尺:

测 点	水准尺读数		高差	高程
	后视读数	前视读数		

表 2.1.2　闭合水准测量高程计算手簿

日　期：　　　　　　天　气：　　　　　　仪　器：

组　别：　　　　　　观　测：　　　　　　计　算：

点号	实测高差	水准路线长度	高差改正数	改正后高差	改正后高程
辅助计算					

学习笔记

任务二 水平角测量

一、实训任务

已知测站点和目标点，采用测回法测水平角。

二、实训手簿

表 2.2.1 测回法测水平角手簿

日 期： 天 气： 仪 器：

组 别： 观 测： 记 录：

<table>
<tr><th>测站</th><th>目标</th><th>盘位</th><th>水平读数</th><th>半测回角值</th><th>一测回角值</th><th>平均角值</th><th>备注</th></tr>
<tr><td rowspan="4"></td><td></td><td rowspan="2"></td><td></td><td rowspan="2"></td><td rowspan="4"></td><td rowspan="8"></td><td rowspan="12"></td></tr>
<tr><td></td><td></td></tr>
<tr><td></td><td rowspan="2"></td><td></td><td rowspan="2"></td></tr>
<tr><td></td><td></td></tr>
<tr><td rowspan="4"></td><td></td><td rowspan="2"></td><td></td><td rowspan="2"></td><td rowspan="4"></td></tr>
<tr><td></td><td></td></tr>
<tr><td></td><td rowspan="2"></td><td></td><td rowspan="2"></td></tr>
<tr><td></td><td></td></tr>
<tr><td rowspan="4"></td><td></td><td rowspan="2"></td><td></td><td rowspan="2"></td><td rowspan="4"></td><td rowspan="4"></td></tr>
<tr><td></td><td></td></tr>
<tr><td></td><td rowspan="2"></td><td></td><td rowspan="2"></td></tr>
<tr><td></td><td></td></tr>
</table>

续表 2.2.1　测回法测水平角手簿

日　期:　　　　　　天　气:　　　　　　仪　器:

组　别:　　　　　　观　测:　　　　　　记　录:

测站	目标	盘位	水平读数	半测回角值	一测回角值	平均角值	备注

续表 2.2.1　测回法测水平角手簿

日　期:　　　　　　　　　天　气:　　　　　　　　　仪　器:

组　别:　　　　　　　　　观　测:　　　　　　　　　记　录:

测站	目标	盘位	水平读数	半测回角值	一测回角值	平均角值	备注

续表 2.2.1　测回法测水平角手簿

日　期:　　　　　　　　天　气:　　　　　　　　仪　器:

组　别:　　　　　　　　观　测:　　　　　　　　记　录:

测站	目标	盘位	水平读数	半测回角值	一测回角值	平均角值	备注

实训日记

天气：____________

年　　月　　日

天气：____________

年　　月　　日

天气：____________

年　　月　　日

天气：________________

年　　月　　日

天气：________________

年　　月　　日

天气：________________

年　　月　　日

天气：________________

年　月　日

天气：________________

年　月　日

天气：________________

年　月　日

实训总结

年 月 日

参考文献

[1] 中国铁路设计集团有限公司. 铁路工程测量手册[M]. 北京：人民交通出版社股份有限公司，2017.

[2] 中铁二院工程集团有限责任公司. 铁路工程测量规范[M]. 北京：中国铁道出版社，2019.

[3] 中铁二院工程集团有限责任公司. 高速铁路工程测量规范[M]. 北京：中国铁道出版社，2009.

[4] 中华人民共和国住房和城乡建设部. 城市轨道交通工程测量规范[M]. 北京：中国建筑工业出版社，2017.

[5] 中华人民共和国国家标准. 工程测量规范 GB 50026—2007[S]. 北京：中国计划出版社，2008.

[6] 中华人民共和国国家标准.测绘基本术语 GB/T 14911—2008[S]. 北京：中国标准出版社，2008.

[7] 中华人民共和国国家标准. 国家三、四等水准测量规范 GB/T 12898—2009[S]. 北京：中国标准出版社，2009.

[8] 中华人民共和国质量监督检验检疫总局，国家标准化管理委员会. 国家基本比例尺地图图式 1∶500、1∶1000、1∶2000 地形图图式 GB/T 20257—2007[S]. 北京：测绘出版社，2007.

[9] 张福荣. 工程测量基础[M]. 成都：西南交通大学出版社，2018.

[10] 张志刚. 工程测量技术与应用[M]. 成都：西南交通大学出版社，2013.

[11] 张志刚. 线桥隧施工测量[M]. 成都：西南交通大学出版社，2014.

[12] 张福荣. 线桥隧施工测量[M]. 成都：西南交通大学出版社，2020.

[13] 张福荣. 线桥隧施工测量实训指导与报告书[M]. 成都：西南交通大学出版社，2020.

[14] 张福荣. 工程测量技术与应用实训[M]. 成都：西南交通大学出版社，2013.

[15] 张保成. 测量学课间实习指导书[M]. 北京：人民交通出版社，1990.

[16] 马斌，佘梁蜀，韩群柱，等. 工程测量学实践指南[M]. 西安：西安地图出版社，1999.

[17] 刘仁钊. 工程测量技术[M]. 郑州：黄河水利出版社，2016.
[18] 李天和. 地形测量[M]. 郑州：黄河水利出版社，2012.
[19] 高见，王晓春. 地形测量技术[M]. 武汉：武汉理工大学出版社，2012.
[20] 周建郑. 工程测量（测绘类）[M]. 2 版. 郑州：黄河水利出版社，2010.